阪神間を結ぶ関西急電には80系が走り、虎の子の“流電一族”は、阪和線で流浪の旅の始まりの「第一楽章」を奏でていた。

いっぽう、関西私鉄各社は戦時中の「京阪神急行電鉄」「近畿日本鉄道」などの統合から、再び分割・再編されていた。各社は荒廃から脱却し、戦時中の技術停滞を取り戻すべく、新技術を導入した新造車を競って投入していた。その一方で戦前に登場した名車たちもまだ主力として活躍しており、きわめてバラエティに富んだ時代であった。

国電撮影の合間に訪れた私鉄各社の、今では伝説とな…端をお目にかけ、記…た次第である。

…先頭に1550形を挟んだ京都線急行列車。筍の名所のこのあたりには、線路脇にまだ竹藪が多く残っていた。
1953.4.2　長岡天神—西向日町（現・西向日）

阪神

阪神電気鉄道

阪神電車の撮影は、武庫川駅近くの築堤で走りを撮ったのが初めてであった。現在は高架線上を他社と同様に19m級の大型車が快走しているが、当時の阪神は街中の短い駅間の地平の線路を、小型車を連ねた列車が“待たずに乗れる阪神電車”のキャッチコピー通りに高速で突っ走るというイメージだった。

しかし、1954(昭和29) 年 9 月15日から運転を開始した3011形 3 両編成による阪神間25分運転のノンストップ特急は、このイメージを大きく塗り替え、今日の阪神の基礎を築くことになった。全金属製の軽量構

1121
1121

はじめに

　筆者は大学に入学した1952（昭和27）年から、かねてよりあこがれていた関西国電を訪ねて、何回か関西の地を訪ねた。国鉄の復興も次第に進んだが、東海道本線の電化もまだ浜松までで、特急列車も東北地方には無く、「つばめ」「はと」「かもめ」と不定期の「さくら」の４本のみ、まさに“特別急行列車”の時代だった。京

造、カルダン駆動、車両全長は19m（中間車18m）に、車体幅も2,800mmに拡大、正面２枚窓の車体をクリームとマルーンに塗分けた２扉クロスシート車だった。当時亀戸にあった汽車会社東京製作所で１編成の製造中の姿を見ていたので、その活躍ぶりを撮影すべく訪れたのであった。同時に撮影した1966（昭和41）年に全廃された小型車の活躍中の姿も、今となっては貴重な記録となった。

阪神電鉄は1995（平成７）年１月17日に発生した阪神・淡路大震災で、石屋川車庫をはじめ各地区の施設に多大な被害を受け、車両も41両が被災した。しかしこれを乗り越え、同年６月29日には全線を復旧した。その後は高架化の推進、なんば線の延長により、相互直通運転区間は山陽電鉄の明石から近鉄奈良までに拡大、さらに団体臨時列車は、近鉄の特急車両により近鉄名古屋、賢島からも運転されている。2006（平成18）年には大手私鉄同士で初となる阪急電鉄との経営統合が行われ、それぞれの特徴を生かしつつ今日に至っている。

従来の阪神のイメージを破って登場した２扉クロスシートの大型新造車3011形は、３両編成５本で運転を開始した。しかし1964（昭和39）年に急行系車両（赤胴車）と共通運用化するために、正面貫通化・ロングシート化が行われて3061・3561形に、さらに３扉化されたほか側窓も改造されてしまった。
1955.4.5　武庫川－鳴尾（現・鳴尾・武庫川女子大前）

小型車５連の急行列車が、５台のパンタを上げて疾走する。最後部の831形847は1935(昭和10) 年の川車製。この形式から前面窓が５枚貫通路付きから３枚窓貫通式に変更された。小型車は1942年から最大６連で運転された。　1955.4.5　武庫川－鳴尾

1117を先頭とした３連。先頭の1117には幕板部に明り取り窓がある。　1955.4.5　武庫川－鳴尾

阪神の急行系小型車の代表スタイルだった881形の最終番号である910号を先頭とする列車が快走する。
881形は1941(昭和16)年から30両が製造されたが、1942(昭和17)年製の10両は資材の入手難から、当初はTcで誕生し戦後に電装された。1938(昭和13)年製の861形から始まった2枚折戸の貫通扉は、そのモダンなデザインから“喫茶店”などと言われ、左右段違いの後部標識灯、幕板部の明り取り窓(1942年製は戦時下の灯火管制のため省略)、大型車両導入で取付けられたステップ下面の、危険防止のための照明などがユニークだった。 1955.4.5 武庫川－鳴尾

汽車会社東京製作所で製造中の3041編成。3011系は全５編成のうち、川崎車両で３編成、日本車両・汽車会社東京製作所で各１編成がそれぞれ製造された。
1954.6.4　汽車会社東京製作所

1020を先頭にした各停。２両目の881形には、幕板部に明り取り窓がある。1001形は1931年に木造車321形を改造した半鋼製車で、1017〜1019は電気ブレーキ付きであった。
1955.4.5　武庫川－鳴尾

武庫川駅を発車した801形805と、通過するノンストップ特急3011形3022。車体断面の大きさの違いがよくわかる。　1955.4.5　武庫川

大阪のターミナル、梅田駅ホームに停車中の3022。この当時では、始・終点ともに地下駅というケースの鉄道は珍しかった。
1955.4.5　梅田(現・大阪梅田)

阪神梅田駅ビルは、1933(昭和8)年に竣工し、当時の阪急マートビル(現阪神百貨店)の地下1階に、阪神電車が乗り入れて戦前数少ない地下駅だった。その後阪神百貨店は何度か増築・拡張を重ねてきたが、現在「梅田1丁目1番地計画」により再度超高層ビル「大阪ツインタワーズサウス」に建て替え中で、2021年度の完成を目指している。併せて地下広場と駅ホーム・施設の拡張工事が進行中だ。
1952.8.14　梅田

阪急
京阪神急行電鉄

阪急との最初の接点は、神足（→長岡京）～山崎間で東海道本線の国電や列車の撮影中に、やや距離を隔てた線路を点在する竹林の間に見え隠れして力走するのが阪急京都線の電車だった。その主力は、戦前にかの国鉄の超特急「燕」とスピードを競った元新京阪のデイ100系（P６）で、撮影したのは桂駅が最初だった。登場して間もない710系もやってきた。また、神戸線・宝塚線は梅田・十三駅で撮影した。こちらも戦前製の900形や300形が原形に近い姿のまま活躍中で、優等列車には新製車810系が活躍していた。

阪神・淡路大震災で被災し、今は無き旧阪急三宮ビルの三宮駅を発車した900形３両編成。900形は1930（昭和５）年に阪神間25分運転の特急用として、川崎車両で20両が製造された軽量構造の全鋼車で、２扉転換クロスシートを装備し、一段下降窓とともに“阪急タイプ”を確立した。　1955.4　三宮（現・神戸三宮）

各停に使用中の900形913ほかの２両編成。900形は神戸線の特急用として、1930(昭和５) 年に製造された。軽量化を目指した設計で、従来の魚腹型台枠を廃して通し鋼台枠を採用した。1934(昭和９) 年に製造された170kW主電動機搭載、広幅貫通路付・２両固定編成の920+950形とともに、戦前の神戸線特急の俊足ぶりをいかんなく発揮した代表車両だった。900号車は復元保存されている。　1953.4.2　十三

812+862+813+863を使用した神戸線特急。810系は京都線の710系(次頁)とほぼ同一の車体を持ち、最後の１編成を除きクロスシートを装備した。600／1,500Ｖ複電圧車で、行楽期の休日には神戸～京都間の直通特急にも使用された。　1953.4.2　十三

310形318が先頭の宝塚線列車。３両編成の後ろの２両は木造の51形か。300形は1924年汽車会社東京支店で製造された車両で、写真の310形は翌年製造されたＴ車 700形をＭ化したものだ。戦後は主に宝塚線で1967(昭和43) 年まで使用された。ともに阪急唯一の半鋼製車で、同社の車両は510形の試作を経て、600形以降は全鋼製車に移行した。 1953.4.2　十三

急行運用に就く121。京都線の主力は1927(昭和２)年から製造されたデイ100系で、フイ500(→1500)、貴賓車フキ500(→1500)を含め合計73両が製造された。名古屋までの壮大なプランに応えるべく登場した昭和初期の豪快な高性能車だった。混雑時対策のため通風効果の大きいグローブ型ベンチレーターに交換されている。1973(昭和48) 年まで活躍し、1300・2300・2800系などの新系列高性能車と交代した。 1953.4.2　桂

京都線の新しいスターとして登場した710＋760形固定編成のトップナンバー711＋761ほかの端正な姿。710系は京都線初の“阪急型”系列で、最終編成以外はクロスシートを装備し、複電圧車だった。神戸線用810系は窓枠外部がニス塗りだが、710系は外板と同じマルーン塗装だった。1949(昭和24)年の神宝線(神戸・宝塚線)用の810系に続いて1950(昭和25)年に登場し、戦後の新しい“阪急スタイル”の第一世代であった。　1953.4.2　桂

1形式1両の1500は、ノーリベットの車体を持つ元貴賓車フキ500の格下げ車で、戦後はロングシート化され一般編成に組み込まれて運用されていた。
1953.4.2　桂

戦時中に生まれた1300形(初代)1301。1300形は1943(昭和18)年製の異端車で、京阪神急行時代に登場した。張り上げ屋根の京阪タイプで、同社の1200形と同系の車体であった(30頁参照)。5輌が300形(Tc)301〜305として川車で製造された。その後1300形に改称、さらにT車化され750形となり、700形と編成されていた。
1953.4.2　桂

京都線の電動貨車3002。1928(昭和３)年にF4形として製造され、翌年デワ７号車となった。貨物営業の廃止で、1956(昭和31)年に廃車されたが、台車・電機品は210形に流用された。
1955.4.5　西向日町—長岡天神

100形123に続く２両は、戦後最初に増結用として1949(昭和24)年に５両製造された1550形で、腰高の一段下降窓を持つ阪急スタイルの車体を持ち、100系とは全く異質の形態であったが、ウィングばねを使用した新型台車FS3の乗り心地は好評であった。
1953.4.2　桂

嵐山線運用に就く単行の143。100形は収容力拡大のため、一部片運転台に改造された車両も存在した。通風器は戦後の混雑のためすでに通風効果の大きいグローブ型ベンチレーターに交換されていた。デイ100系の象徴であった緩衝装置付きの幌枠は、1960(昭和35)年から一般の取り付け式に交換された。イベント時に公開される保存車116号には、これが見事に復元されている。　1953.4.2　桂

京都線で活躍の100形２両編成(138+141)。戦前の新京阪電鉄が製造したが、戦時中の強制的な合併により、「京阪神急行電鉄」となり、戦後「京阪電鉄」が分離・独立したため、京都線として残った旧・新京阪線は、かつての姉妹会社同士がライバルとなった。
1955.4.5　長岡天神―西向日町

700形751＋701の２両編成。700形は1948(昭和23)年製の運輸省規格型で、車体幅が広かった。幕板も広い二段上昇窓を持つ鈍重なスタイルで、京阪の1300形も同様な形態であった(30頁参照)。
1953.4.2　長岡天神―西向日町

京阪

京阪電気鉄道

関西での宿泊先が京都駅近くの親戚の家だったので、京阪や京都市電が手近に撮影できた。鴨川沿いに走り、京都市電や叡電と平面交差する京阪電車は、まことに京都らしい風景だった。撮影した1950年代の京阪には、国鉄モハ52に対抗して登場した戦前製の流線形電車1000・1100形が活躍していた。

京阪は、我が国初の「ロマンスカー」を名乗った全鋼製インターバンの600形(←1550形)を1927(昭和２)年に製造した。訪問時にはロングシートに改造されたとはいえ、まだ各駅停車に運用されていた。続いて1928(昭和３)年には車体を延長し、両運転台化した700形(←1580形)に発展した。1949(昭和24)年に戦時中の統合による「京阪神急行電鉄」から独立し、新京阪線(→阪急京都線)を分離して、京阪・宇治・交野・京津・石山坂本線の５線で、新生「京阪電気鉄道」がスタートした。

1950(昭和25)年にいち早く1000形を使用した「特急」の運転を開始し、今につながる特急のシンボルである“鳩のマーク”が使われ始めた。同社は、600形以来のクロスシート車の伝統を今に伝えており、1951(昭和26)年には新生京阪のイメージカラーとなり、

8000系まで60年近く続いた“赤い特急”の1700＋1750形が、マンダリンオレンジとカーマインレッドの新塗色で登場した。

1953(昭和28)年には軽量構造で、我が国初の空気バネ台車、WN／平行カルダン駆動などを装備し、テレビカーも組み込んだ先進的な高性能車1800系を誕生させた。1956(昭和31)年に1900系、さらに1971(昭和46)年には、世界初の座席自動転換装置を装備した3000系を製造した。1989(平成元)年鴨東線の開業時からは、さらに洗練された8000系に進化した。客室窓は従来の小窓から連続窓に一新されて、より近代的なスタイルとなった。8000系はその後もダブルデッカー車、プレミアムカーの組み込みにより、一層魅力を高めつつ伝統あるロマンスカー京阪特急の顔として活躍中だ。

また技術力を誇る同社は、戦前の1934(昭和９)年にわが国初の流線形連節車60形「びわこ」により天満橋から浜大津まで、平坦線の京阪線と、併用区間を持つ急勾配路線の京津線との直通特急運転、1959(昭和34)年に平坦線で初の回生制動を常用した「スーパーカー」2000系、1970(昭和45)年には昇降式座席を持つユニークな５扉車5000系、３扉セミクロスで「ローレル賞」を受賞し、近くプレミアシート車を組み入れる3000系(二代目)など、特色ある車両を開発し、これらの車両たちが関西地区で最長の複々線の上を疾駆している。七条～三条間の地下化・出町柳延長は1989(平成元)年に完成し、京都の魅力ある奥座敷の鞍馬・比叡への足である叡山電鉄との連携が一層強化された。また2008(平成20)年の中之島線開業は、大阪のビジネス街中心部の利便性向上に寄与している。

五条付近の鴨川沿い、並木の向こう側を走る1000系列車で、3連の中間車は1200形1201である。線路は地下化され、後に清水五条駅となった。後ろに並ぶ低層の街並みは、ビル街に変わったが右に見える新井歯科は、現在も同じ場所で盛業中だ。
1955.4.7　五条(現・清水五条)付近

京阪の流電1000形1007号。鉄道省が京阪神間の急電（現在の新快速）に投入した流電モハ52形に対抗して、1937（昭和12）年にロングシートの1100形８両を製造、その翌年の1938（昭和13）年に転換クロスシートの1000形（二代目）10両を製造した。1000・1100形の塗色は、下半部コバルトブルー／上半部レデイシュイエローで、600・700形と交代して急行に使用された。　1954.4.9　守口車庫

京阪の流電のうちロングシートで製造された1100形1106号の第２運転台側。私鉄らしく両運転台式で、半流線形・貫通の運転台を備えていた。　1954.4.9　守口車庫

石清水八幡宮のふもとを快走する1100形1104号を先頭とした３両編成の急行列車。街並みの連なる現在では想像できないのどかな風景だ。　1955.4.7　八幡町（現・石清水八幡宮）―橋本

三条駅で発車を待つ特急列車、1000形1008号。「京阪」に独立後間もない1950（昭和25）年９月に特急運転が開始され、戦時中の荒廃から整備された1000・1100・1500形を使用、今に続く「鳩マーク」が採用された。　1952.8.13　三条

1804

新製直後の1800形(Mc)。我が国初の新性能高速電車で、1953(昭和28) 年に1801＋1802の編成が川車(川崎車両、現在の川崎重工) で製造された。1700形と同寸法ながら台枠に高抗張力鋼を使用した全金属車体で自重は33t、ばね上に架装した75kWの主電動機に、1801には東洋電機の平行カルダン、1802には三菱電機のWN駆動装置を搭載し、多段制御による高加減速性能を実現した。ヘッドライトは砲弾型に変更された。翌1954(昭和29) 年には量産車1803～1809, 1880形(Tc)1881～1888が製造された。
1954.4.7　守口車庫

特急専用車1700形４両編成が快走する。1700形は初の特急専用車で、1951（昭和26）年から９編成18両が製造された。半鋼製で京阪最後の吊掛車、ドア間に転換クロスシート・広幅貫通路、防振台車を装備し、1800・1900・3000に連なる「京阪特急」のイメージを築いた。
1955.4.7　八幡町—橋本

木津川橋梁を渡る700形708の２両編成の準急列車。700形は旧称号1580形で1928（昭和３）年製。車両全長が600形の16m級から１m延長され、両運転台となった。両形式共に竣工時にはダークグリーン塗色で、幕板部に600形はKEIHAN ELECTRIC RAILWAY COMPANY、700形にはKYOTO OSAKA LINEと腰板部にKEIHAN ELECTRIC RAILWAY COMPANYと書かれ、“ロマンスカー”と宣伝されていた。　1955.4.7　八幡町—橋本

戦後の特急車1700系から1800系に掛けて、さまざまな新技術を取り入れた台車が採用された。上から、1753のMD-7(中日本重工製)、1806のKS-10(汽車会社製)、1804のFS304(住友金属製)。
1954.4.9　守口車庫

1807の連結面。広幅貫通路が設けられ、両開きの貫通扉が設置されている。
1954.4.9　守口車庫

車体更新を受けた500形２両編成がのんびり走る情景は、
長編成が駆け抜ける現在とは隔世の感がある。
1955.4.7　八幡町—橋本

守口車庫で撮影した600形(初代)601号車。旧称号は1550形1551で1927(昭和２)年日車製、転換クロスシートを装備し、同年８月から急行運用を開始した。連結運転を前提にした片運転台車で、当初は路線の一部に道路併用区間があり、救助網付でポール集電だった。戦時中のロングシート改造を免れた２両が、1952(昭和27)年まで転換クロスシートで残っていた。

1955.4.7　守口車庫

戦後の運輸省規格型である1300形1304号。1948(昭和23)年から12両が製造された２扉・両運転台車で、1949(昭和24)年製の1311・1312は片運転台である。

車体幅2,700mmの地方鉄道規格A'で製造されたため、入線にあたってはホームを削る工事が必要だった。特徴は広い幕板部で、当時不足していたガラス板の規格に合わせたためと言われている。特急の増結用に1303・1304を片運化、1311とともに内装を改造し、特急色に塗り替えて特急列車の３連化が実現した。

1955.4.7　守口車庫

1948(昭和23)年に製造されたロングシート車1200形の1202号車。川崎車両で4両が製造されたが、当初は資材不足で電装品が無く、T車として使用された。電装されたのは1949(昭和24)年である。張り上げ屋根に雨樋付のスタイルで、製造当時は新京阪線だった阪急京都線の750形(新京阪←1300Tc←300Tc、16頁写真参照)と共通のスタイルであった。
1000・1100・1200・1500の流電グループは、戦後に同系のみで5～6連を組んで運用されたが、1967(昭和42)年から車体を新造して700系(二代目)に生まれ変わった。さらに1977(昭和52)年には昇圧に備えて1000系(三代目)に改造された。 1954.4.7 守口車庫

1500形(Tc)1516号車。戦時中の輸送力増強用に1939(昭和14)年に川車で8両が製造され、1944・1946(昭和19・21)年に10両が追加新造された。1100の中間に組み込まれて運用されたが、1000・1100形がノーシル・ノーヘッダーだったのに反してシル・ヘッダー付きで、リベットが復活した。
1954.4.7 守口車庫

鳩マークも誇らしく発車を待つ1750形1751。 1952.8.14　三条

1700形(Mc)は1750形(Tc)と固定編成を組んでいた。後継の1800・1810・1900形の登場後は３扉ロングシート化、グリーン系の一般色となり1984(昭和59)年の昇圧まで使用された。 1954.4.7　守口

鴨川べりを走る宇治行きの200形の２両編成。京阪最初の１形の改造車で、1910（明治43）年の開業時に30両が製造された。当初は大阪市電との乗り入れを考慮して、車両の両端にデッキを持つ路面電車スタイルであったが、深夜の急行運転開始などに際し３扉高床式の100形に改造された。新造車に改造車を加え69両となった100形のうちの7両は、正面５枚窓の半鋼製車となった。間接制御を搭載した30両は200形となり、1954（昭和29）年に大津線に転じ、ステップがないため急行に使用された。1957（昭和32）年に同線の新車260形に電装品を譲り廃車された。
1953.4.3　五条―七条

準急に運用中の500形564。500形（初代）は元1500形、1925（大正14）年製の半鋼製３扉車で、車体幅を拡大し後期車ではデッカーのシステムの特許を国産化して使用した東洋電機製に、台車も住友製鋼所製と国産化を図った。急行の３連化に伴い両妻面に貫通路を新設した。1953（昭和28）年から車体更新が行われ、おとなしい形態の正面２枚窓となった。
1955.4.7　八幡町―淀

散歩の途中にて　**「N電」の走る街**　～京都市電北野線～

京の町家が建ち並ぶ堀川通りを、電車界の大先輩「N電」がゆっくり走る。まだ車の数も少なく、市内交通の主役は京都市電だった。「N電」のNはnarrowを意味し、他の京都市電が軌間1,435mmに統一されていく中で、北野線は前身の京都電気鉄道時代の名残といえる軌間1,067mmを1961（昭和36）年に廃止になるまで維持していた。

1953.4　四条堀川付近

南海

南海電気鉄道

我が国最古の純民間資本による私鉄で、前身の阪堺鉄道の手による難波～大和川の開業は1885(明治18)年のことである。和歌山に至る南海本線、聖地高野山に至る高野線、関西空港の足空港線を主体に、和歌山県北部に路線を展開している。

当初は蒸気鉄道で発足したが、1907(明治40) 年に難波～浜寺公園間に電車運転を開始した。和歌山までの全線電化は1911(明治44) 年で、64.4kmの電化と電車運転は、当時我が国最長だった。最初の電１形は、運転台を客室内に取り込んだ初の密閉型を採用した。

1924(大正13)年には、特別室・喫茶室付きの４両固定編成による和歌山まで90分の急行電車の運転を開始したほか、1926(大正15)年の特急運転、1934(昭和９)年の南紀直通の「黒潮列車」、1936(昭和11)年の我が国初の冷房電車、1937(昭和12) 年の展望車クハ1900の

製造など、戦前から数々の新機軸を採用して来た。

1930年代中頃の戦前の黄金期に製造された18m級のモハ1201系と15m級モハ1251系は、天地が拡大された窓、ユニークな屋根前面の押し込み通風器付、妻面の短いスカートという軽快なスタイルで、重厚な20m車の2001系とともに、ダークグリーンの車体の窓枠を茶色に塗装した“南海スタイル”のトリオとして印象深い車両だった。

1940（昭和15）年に阪和電鉄を吸収し、同線は南海「山手線」となった。1944（昭和19）年には戦時統合で関西急行電鉄と合併し「近畿日本鉄道」となったが、一方で山手線は国鉄に戦時買収され「阪和線」となった。空襲被害による車両不足で、国鉄蒸機C58が非稼働の電車をけん引した苦難の時代は戦後まで続いた。

しかし1947（昭和22）年に「高野山電気鉄道」を「南海電気鉄道」に改称し、同社を近鉄から譲り受ける形で近鉄から分離独立した。新生南海は、モハ1501形（モハ63形）の導入もあって徐々に復興が進んだ。世間も落ち着いた1954（昭和29）年には、多くの新技術を搭載した新しい特急用11001形がライトグリーンにグリーンのラインで登場し、車両のイメージを一新した。

それでは阪和線の流電撮影の帰路に、風光明媚な淡輪～箱作間を訪れて、初めて撮った新旧様々な南海の車両たちの写真をお目にかけよう。

なお、1973（昭和48）年の昇圧で南海の旧型車は、京福電鉄福井支社と水間鉄道に譲渡されて、主力として活躍していた。モハ1201形10両は、1995（平成７）年まで600Ｖの貴志川線（→和歌山電鐵）で使用されていた。

以下写真は特記以外1955年4月8日撮影（淡輪ー箱作）。

モハ11008＋11007＋11006＋11005の４連。モハ11001形は1954（昭和29）年に帝国車両で製造された南海初の高性能車だ。軽量車体に東洋電機製75kW主電動機搭載の全電動車方式で、中空軸平行カルダンを採用したオール転換シート装備車で、最初の８両は前面貫通式であった。

2001系モハ2023＋クハ2806。1929(昭和４)年に製造されたモハ2001形(←モハ301←電９系)は、20m車体に狭軌線600Vで最大の150kW主電動機を搭載した。一挙に30両が製造された2001系は、阪和電鉄の開業を控えて、難波—和歌山市間60分運転の特急列車用に充当する対抗策だった。

「なると号」モハ1557＋クハ1904＋モハ1256。グリーン系塗色の南海車両の中で異色の存在で、上半クリーム、下半チョコレート色の専用塗色だった。その後下半部が空色に変更された。

聖地高野山に向けて出発するクハ1900。
１形式１両の展望車で、1938(昭和13)年に計画中の高野線特急用に製造されたが、戦争のため実現せず貴賓車として温存されていた。1957(昭和32)年に初代特急「こうや号」として、専用のモハ1251・1252・1254の転換クロス改造車と組成され、クリームとグリーン塗色で運転された。モハ1251形は1934(昭和９)年から高野線用に製造された15m車で、南海線用1201形の車長を短くし、回生制動など山線装備を搭載していた。クハ1900は20000系二代目「こうや号」の登場で一般車に格下げとなり、1972(昭和47)年に廃車された。　撮影日不詳　P：長谷川 明所蔵

モハ11001形の最初の８両は前面貫通式だったが、1956(昭和31)年の増備車11009以降は前面２枚窓の流線型となった。1973(昭和48)年の昇圧に際して二次車以降が1000系に改造された。

クハ2810＋モハ2024＋モハ2025。2001形は南紀直通の「黒潮号」にも活躍した。1934(昭和9)年から難波～和歌山市間をモハ2001形2両が鉄道省の客車3両を牽いて、ノンストップ58分で走破した。ここで阪和電鉄からの客車を併結し、省の蒸機に牽引されて白浜口まで直通運転した。1935(昭和10)年には難波～和歌山市間をさらに55分に短縮し、これが戦前のスピード記録であった。

淡路連絡急行「なると号」。深見港で淡路連絡船に接続する列車で、1955(昭和30)年3月から難波～多奈川間で運転された。転換クロスシートに改造された1501・1901形が使用された。

クハ1906を先頭にした各停。クハ1901形は1937～1942(昭和12～17)年に製造されたモハ1201系の制御車で、後期車は1段下降窓となった。この先頭車は1936(昭和11)年製の最もスマートなグループだ。特徴だった屋根前面の通風器は、雨水浸入防止のため撤去されていた。

モハ1502＋クハ1802＋モハ1514。戦後に国鉄向けのモハ63形20両の割り当てを受けた。従来の車両限界を超える車幅を持つ63形の導入は、その後の輸送力強化に大きく貢献した。モハ1501形となった南海の63形は、天井板、グローブが整備され、ガーランドベンチレーター搭載で、他の私鉄に導入された63形とは一味異なるものだった。正面妻面には新生南海のシンボル“羽車マーク”が描かれていた。1959(昭和34)年から1521系に機器を供出して８両がクハ1951形に、また1965(昭和40)年には４両が前面貫通化された。1968(昭和43)年に廃車。

モハ2002＋2015＋クハ2815。2001系のクハ2802＋モハ2002は1936(昭和11)年に冷房試作工事を行い、我が国初の冷房電車が登場した。翌1937(昭和12)年にはクハ2801～2804に冷房装置を搭載したが、扇風機付きのモハ2001～2004に屋根上の風洞で冷風を送る方式だった。７月から料金不要の一般特急として運転を開始して大好評であったが、日中戦争の拡大により１年限りで中止された。

「箱の浦」沿いを快走するモハ12001＋クハ12801＋モハ12002＋クハ12802編成。
モハ12001形・クハ12801形は、手持ちの150kW主電動機を使用して、モハ11001形と同一車体を製造した。オールM平行カルダン方式の11001形に対してこちらは吊掛け式。Mc＋Tcの２編成が製造され、11001形２編成とともに特急列車に使用された。

モユニ1041形1043は1939(昭和14) 年に前面５枚窓の木造車から簡易鋼体化された郵便・荷物合造車で、1972(昭和47) 年の南海本線の郵便輸送廃止、翌1973(昭和48)年の荷物輸送廃止まで使用された。

近鉄

近畿日本鉄道

近鉄は近畿・東海地区に501.1kmの路線を展開している。2020(令和２)年3月からは80000形の新しい名阪特急「ひのとり」も運転を開始した。1910(明治43)年の創業以来、幾多の試練を乗り越えて、大阪・京都・名古屋から伊勢志摩・奈良・吉野へ、近年はさらに神戸三宮への足として発展してきた。その車両も特急車をはじめ団体車・一般車ともきわめて多彩で興味が尽きない。

戦前から関西私鉄の代表車のひとつであったモ2200系は、関東のファンの間でもあこがれの車両だった。小生は残念なことに、その全盛期に沿線を訪れることがなかった。京都から法隆寺を訪ねた時の近鉄奈良線・橿原線は、まだ小型車の天下で、あまり魅力を感じなかったことも一因だった。

ただ、後の1970年代に名古屋線に転じた2200系の最後の活躍の頃に、３扉化された仲間のうちで、２扉で残った2227形を記録できたのは幸いだった。

近鉄が戦後間もない1947(昭和22)年10月から、いち早く運転を開始した全国で初の中川乗り換えの座席指定の名阪特急「すずか」、「かつらぎ」を筆者は撮影できなかったが、小山政明氏のご厚意でお目に掛けることにしよう。

伊勢中川駅に停車中のモ6320名古屋行き「すずか」。モ6301形は狭軌時代の名古屋線の代表車両で、特急の第一世代に起用され、翌年には新製の6401系(モ6401・ク6551)に交代した。伊勢中川では同一ホームで狭軌の名古屋線と、標準軌の大阪線との乗り換えが行われた。
1956.7.21　伊勢中川　P：小山政明

伊勢中川駅に停車中のモ2237大阪行「かつらぎ」。特急運転開始に際して、1939(昭和14)年に製造された新モ2200形(モ2227形)とサ3000形３両編成２本が特別整備された。駅弁売りの姿も懐かしい。名阪間の所要時間は４時間３分を要していた。

1956.7.21　伊勢中川　P：小山政明

1970年代にも比較的原形をとどめていたモ2227形。モ2227形の原形となったモ2200形は、1930(昭和５)年に近鉄の前身の参宮急行により、上本町～宇治山田間の直通運転用に４形式57両が製造され、同区間を約2時間で走破した。さらに1940(昭和15)年には紀元2600年の特別輸送用にモ2227形・ク3110形・貴賓車サ2600形の計26両を増備した。軽量車体の２扉クロスシート車で、150kW主電動機、発電制動を搭載して、100km/hの高速運転、最大６両の長編成で、青山峠越えの33.3‰の勾配に挑んだ戦前製車両を代表する高性能車であった。伊勢湾台風の被災をチャンスとして行われた名古屋線の改軌後は、同線にも進出し、1970年代まで急行運用に活躍した。

1974.9.22　富吉検車区

1970年代の近鉄1400形(旧大阪電気軌道デボ1400形)。モ2227形と同系の近距離用の３扉ロングシート車で、性能も同一だった。モ1400形・ク1500形の２形式があり、紀元2600年記念の輸送力増強用に製造された。　1974.9.22　富吉

散歩の途中にて　三ノ宮駅前を走る神戸市電

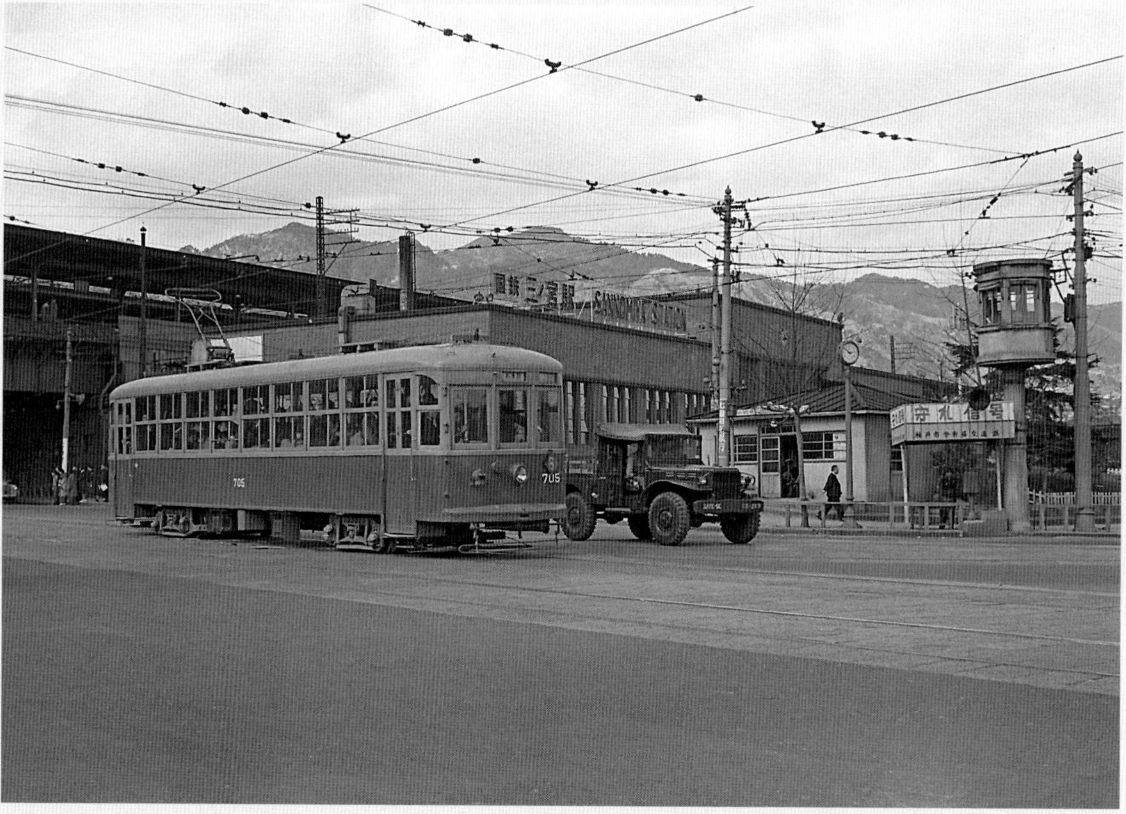

三ノ宮駅前を行く神戸市電705号。1935(昭和10)年製の700形は「東洋一の市電」と言われた名車で、登場当初は転換クロスシートを装備し「ロマンスカー」と言われた。この時代はまだ戦争の影を残し、小さなガラスを寄せ集めた窓には多数の桟が入っている。横には米軍のトラックが走り、右端の信号扱い所も懐かしい。705号は名谷車両基地に保存されている。

1953.3.31

奈良電

奈良電気鉄道(→近鉄京都線)

1928(昭和３)年に京都～西大寺間34.5kmを開業、大軌(→近鉄)奈良へ乗り入れており、1945(昭和20)年からは丹波橋から京阪三条へ乗り入れを開始した。1963(昭和38)年に近鉄に買収され、近鉄京都線となった。京阪三条への乗り入れは、近鉄となった後も1968(昭和43)年まで行われていた。

乗り入れ先の京阪三条駅に停車中のデハボ1000形1011。開通時に24両が日本車両で製造された。近鉄に買収後はモ430形となった。　1952.8.13　三条

デハボ1102。奈良電鉄デハボ1100形は、1948(昭和23)年に近畿車両で３両製造された。近鉄奈良線用の600形とほぼ同形車で、買収後はモ670形となった。
1952.8.13　丹波橋

おわりに

1934年東京で生を受け育った筆者が訪れた戦後復興期の関西の私鉄は、まさにカルチャーショックの連続であった。戦後に分離・独立した各社は、優等列車を中心に高性能の新造車を導入し、再び持ち前の“前垂れ精神”でサービスを競う時代に入っていた。例えば、京阪のターミナルだった天満橋駅で、夕方のラッシュ時に京都に向かう乗客が、備え付けの折りたたみ椅子を抱えて、２扉転換クロスシートの1700系ノンストップ特急に乗り込む情景や、阪神の大型3011形新特急列車に、退避していた小型車5連の各停がみるみる追いついて来るスピード運転ぶり、南海の新造特急車11001系や京阪の1700・1800系のずらりと並んだクロスシートに真っ白なシートカバーの料金不要特急など、関東育ちのファンにとって強い印象を受けたものである。

21世紀の現在、時代は変わったが、私鉄各社は大きく発展し、そのサービスはより洗練され、魅力あるものとなっている。それぞれの特色を生かして、今後の一層の発展を祈ってやまない。

2020年初秋　長谷川　明

参考文献：

鉄道ピクトリアル　各鉄道特集　増刊号　株式会社電気車研究会

カラーブック　日本の私鉄シリーズ　株式会社保育社

京阪電車 車両の100年　京阪電気鉄道株式会社　2010年

阪急の電車　阪急電鉄株式会社　1983年

P-6　—デイ100物語—　プレス・アイゼンバーン　1974年

参急特急史　プレス・アイゼンバーン　1978年

ぼんぼりの並ぶ五条(現・清水五条)駅に進入する、1300形を増結した1700形の特急列車。地上時代の京阪線は、三条・四条・五条・七条の各駅の線路片側は鴨川に接していて、四条・七条の両駅では、京都市電と遮断機なしの平面交差をしていた。　1955.4.7　五条

248

M LIBRARY

下津井電鉄（下）

―瀬戸大橋開通後に姿を消したナローゲージ鉄道―

寺 田 裕 一

NEKO PUBLISHING CO.,LTD.

下津井電鉄（下）—瀬戸大橋開通後に姿を消したナローゲージ鉄道—

表紙写真：寺田裕一（1988.4.19　下津井）

RM LIBRARY 248

ガソリンカー改造電車の荷台部分を車体延長したモハ110形。
1971.7.26　下津井　P：荻原俊夫